天気のなぞを
解いてみよう！

　人びとの生活は、毎日コロコロ変わる「天気」に大きくえいきょうされます。楽しみだった運動会が雨で中止になったり、ピクニックに行っても急に寒くなって遊べなかったり……。

　そんな天気とうまくつき合っていくためにも、天気の変化や空のしくみについて知ることは、とっても大切です。

　この本では、なぞ解きをするような感覚で、天気について楽しみながら学べます。まずは、目の前で起きている空の現象をよーく観察し、どうしてそんな現象が起きたのか、なぜ空のようすが変わったのか、予想してみましょう。そして、その予想が正しいかどうか、もう一度よく観察して、なぞ解きをしてみましょう。

　この本で、「台風のしくみ」や「台風によって何が起こるか」がわかったら、きっと台風にもっと興味がわいてくるはずですよ。

筆保弘徳

予想→観察 でわかる！ 天気の変化 ②

台風

横浜国立大学
台風科学技術研究センター長・教授

筆保弘徳 監修

理論社

目次

教えて！筆保先生

もっと知りたい！

この本の使い方

? ギモン & … 予想ページ

台風に関する「ギモン」に対して、
みんなで意見を出し合って、予想を立てます。

🔍 観察 & 📝 まとめページ

予想をもとに台風を観察していきます。実験などもしながら、予想が当たっているか、まちがっているかを考えていきます。

… 予想

ギモンを解消していくためにまず予想をします。

どう調べる？

どうすれば予想を検証できるかを考えます。

🔍 調べる（観察）

予想が当たっているのか、まちがっているのかを検証していきます。

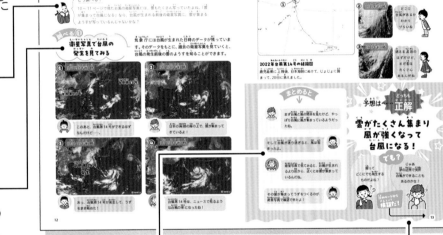

📝 まとめると

調べてわかったことを会話の中でまとめます。

予想の結果

その予想が当たっているのか、まちがっているのか、答えを出しています。

教えて！ 筆保先生

観察してもわかりきらなかったことを教えてもらいます。

「もっと知りたい！」

気象観測などに関する情報をしょうかいしているページです。

3

台風のときの外のようすを見てみよう

道路が川みたい！
昼間なのに
うす暗いのは
雲のせいかな？

台風がくると
いろいろな災害が
起こるんだね

台風によって雨がたくさんふると、
排水が追いつかなかったり、川の水
があふれたりして、浸水します。

台風の強い風などの影響で、高波や
高潮が発生して、海の近くの住宅な
どは被害にあうおそれがあります。

集中豪雨により、山などで土砂く
ずれが発生することもあります。

見てみよう！
台風を上空から見てみよう

宇宙から見ると
台風はうずを巻いて
いるんだね

2022年9月14日に発生した台風第14号。
9月16日午後4時。台風の中心にある、丸い
雲域の中心で雲がない部分は台風の目。

9月17日午後4時。

この白いのは雲？
台風って雲が
集まってできるのかな？

台風って
そもそも何から
できているんだろう？

9月18日午後4時。台風の目がわかりにくくなってきたので、中心は×で示している。

9月19日午後4時。

次のページから検証だ！

ギモン ①

台風って
なんだろう?

台風の正体は？

台風がくると、この写真みたいにすごい風がふくよね？

きっと大きな竜巻みたいな感じで、風が集まってできてるんじゃないかな？

風もすごいけど、雨もたくさんふるよね。

たしかに、そうだね。この写真を見ると、昼間なのにうす暗いことも気になるね。

もしかしたら、台風は雲が集まってできたのかも？

予想 Ⓐ

風が集まってできたもの？

→ 10 ページへ

予想 Ⓑ

雲が集まってできたもの？

→ 12 ページへ

風が集まってできたもの？

どう調べる？

台風と風の関係を調べるには、まずは風のデータが必要だよね。テレビやインターネットで見る風の強さ（風速）や風の向き（風向）の予報は、「気象庁」のデータをもとにしているらしいよ。気象庁のウェブページを見てみよう！

調べる①

過去の台風のデータを調べる

「気象庁」のウェブページでは、過去の風速や風向の情報を調べられます。まずは台風に関連したデータを探してみましょう。

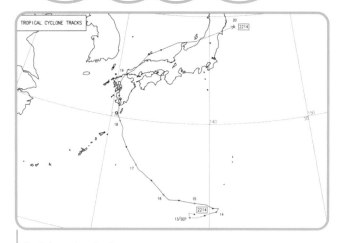

台風の経路図

台風の中心が通ったルートを記録したものです。

台風の衛星写真

地球の周りを回る人工衛星によって撮影された写真です。人の目で見たような色味に補正されています。

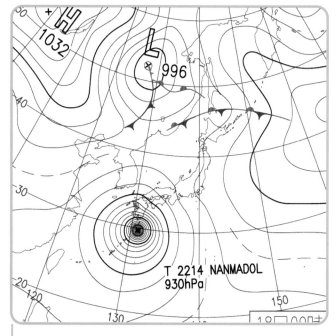

台風の日の天気図

天気を予報するために必要な数値をまとめた図です。台風や低気圧（図では L と表す）・高気圧（図では H と表す）の位置と強さがわかります。上の天気図は左下の衛星写真と同じ日時のものです。

これらのデータと風のデータを比べればよさそうだね！

10

台風の経路図と風のデータを比べる

風が集まって台風になるなら、台風に向かって風がふきこむように見えるはずです。集めたデータを確認してみましょう。風のデータは気象庁にもありますが、ここでは日本気象協会のものを使っています。

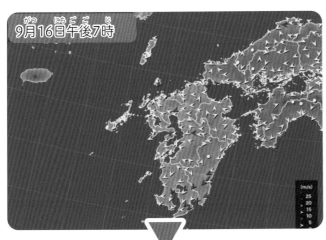

9月16日午後7時

9月16日午後7時

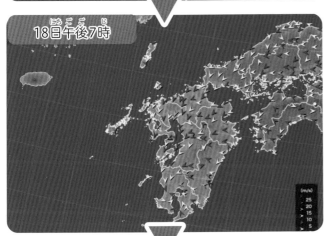

18日午後7時

18日午後7時

台風に風が集まってる！

20日午前5時

20日午前5時

台風が過ぎたら、風も弱くなったね

風向風速図

矢印が風向、色が風速を表します。白が弱く、青、黄、オレンジ、赤、濃い赤の順で強い風を表します。

2022年台風第14号の衛星写真

この台風は、14日に発生し、18日午後7時（2枚目）に鹿児島へ上陸しました。

雲が集まってできたもの？

どう調べる？

10～11ページで見た台風の衛星写真には、雲もたくさん写っていたよね。「雲が集まって台風になる」なら、台風が生まれる前後の衛星写真に、雲が集まるようすが写っているんじゃないかな？

調べる①

衛星写真で台風の発生を見てみる

気象庁には台風が生まれた日時のデータが残っています。そのデータをもとに、過去の衛星写真を見ていくと、台風の発生前後の雲のようすを知ることができます。

① 9月12日午後1時

台風第13号

台風第12号

tenki.jp

このあと、台風第14号ができるはずなんだけど……。

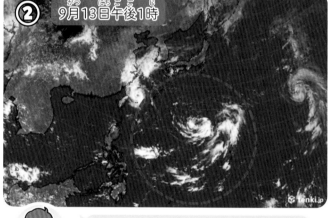

② 9月13日午後1時

tenki.jp

日本の南側の海の上で、雲が集まってきているよ！

③ 9月14日午後1時

台風第14号
発生

tenki.jp

あっ、台風第14号が発生して、うずをまき始めた！

④ 9月15日午後1時

tenki.jp

台風第14号は、ニュースで見るような台風の形になったね！

台風が消えるまで

2022年台風第14号の経路図

鹿児島県に上陸後、日本海側にぬけて、じょじょに弱まって、20日に消えました。

① 18日午後9時

だんだん形がくずれてきたね

② 19日午前9時

どこに台風があるかわかりづらいね

③ 20日午前8時

消える直前のはずだけど、まだ雲はたくさんあるんだね

まとめると
↓

まず台風と風の関係を見たけど、やっぱり台風に風が集まっているようだったね。

そして台風が通り過ぎると、風は弱まったよ。

衛星写真で見てみると、台風が生まれるより前から、近くには雲が集まっているんだね。

その雲が集まってうずをつくるのが、衛星写真で確認できたよ！

予想は……　どっちも　正解

雲がたくさん集まり風が強くなって台風になる！

でも？

雲ってどこにでも発生するものだよね？

じゃあ家の近所で突然台風ができることもあるのかな？

次のページから検証だ！

台風ができる条件は？

台風は雲があればできる？

 この写真は台風の日の空だけど、台風ではない大雨の日とあまり変わらないように見えるよね。

ホントだ。こんなふうに雲が集まったら、いつでもどこでも台風になるのかな？

 家の近所で急に台風ができたりしたら、ちょっと困るね。

でも台風ってかならず、近くにくる前にニュースになるよね？

どこか、すごくいっぱい雲ができる場所じゃないと、台風にならないんじゃないかな？

予想 A

雲さえあればどこでも発生する？

→ 16 ページへ

予想 B

ものすごくたくさんの雲が必要？

→ 18 ページへ

雲さえあればどこでも発生する？

どう調べる？

雲があるところなら、どこでも台風ができるのかも。それを調べるためには、台風が発生した場所をいくつか調べてみるとよさそうだね。気象庁のウェブページで調べられるみたいだから、見てみよう！

調べる①

台風が発生した場所を調べる

気象庁のウェブページで、過去の台風の経路図を見てみましょう。経路図は、台風が発生した場所で始まるので、どこで台風が生まれたかがわかります。

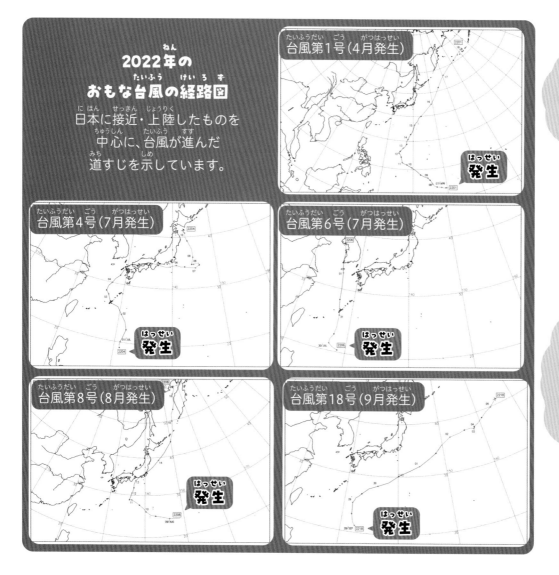

2022年のおもな台風の経路図
日本に接近・上陸したものを中心に、台風が進んだ道すじを示しています。

台風第1号（4月発生）　はっせい 発生

台風第4号（7月発生）　はっせい 発生

台風第6号（7月発生）　はっせい 発生

台風第8号（8月発生）　はっせい 発生

台風第18号（9月発生）　はっせい 発生

海の上で生まれているものばっかりだね

この5枚以外にも見てみたけど、全部日本よりも南の海の上で生まれていたよ！

台風などが生まれる場所をまとめてみる

台風やそのなかまは、日本以外にもやってきます。そうした台風のなかまがどこで生まれているのか、気象庁の情報などから大まかにまとめてみました。

台風などの発生地点と進路

色をぬった部分がおもに台風が生まれる場所。
矢印がおもな進路です。

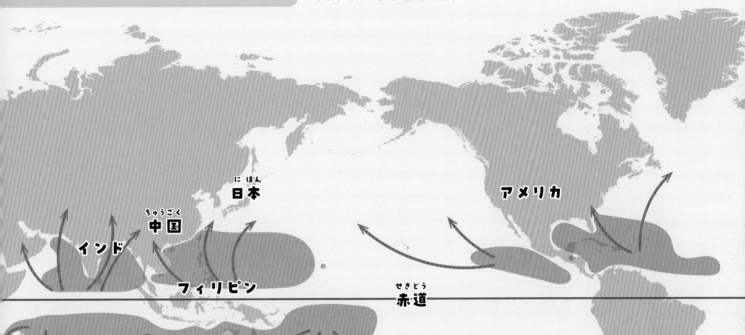

日本

中国

アメリカ

インド

フィリピン

赤道

オーストラリア

台風（英語ではタイフーン）というのは、日本の周りの北西太平洋での呼び名です。アメリカの周りではハリケーン、そのほかの地域ではサイクロンと呼ばれています。

赤道

地球儀を回したときに、軸と垂直になるのが赤道です。赤道の近くには、1年を通して太陽の光がよく当たります。

北極

赤道

南極

日本にくる台風って南の海で発生してやってきているんだね

世界中の台風を見ると、赤道の近くで生まれているよね

ものすごくたくさんの雲が必要？

どう調べる？

台風は赤道の近くで生まれていたよ。「たくさんの雲が必要」という予想が正しいなら、赤道の近くでは、ほかの地域よりたくさんの雲が生まれているんじゃないかな？　衛星写真を見てみようよ！

調べる①

赤道の近くの雲を見てみよう

衛星写真で赤道の近くの雲のようすを見てみましょう。雲は世界中に広がっていますが、どこで生まれ、どのように動いているかを調べれば、何かわかるかもしれません。

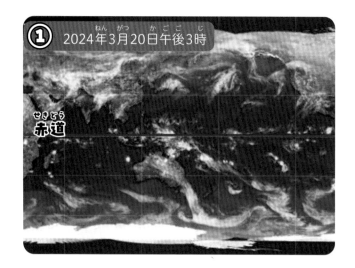

① 2024年3月20日午後3時
赤道

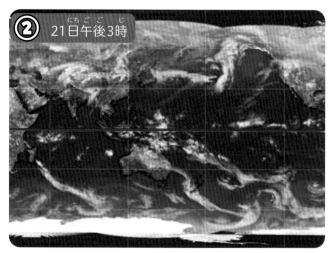

② 21日午後3時

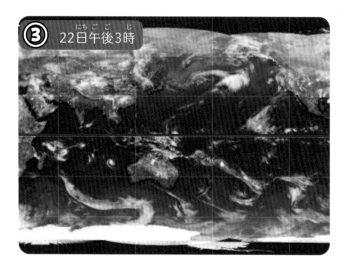

③ 22日午後3時

なんとなく赤道の近くの海に雲が多い気がする。

雲の動きには何か決まりがありそうだけど……。

それよりさ、赤道の近くに共通する特ちょうがないか考えてみない？

たしか、太陽の光がたくさん当たるんだよね。暖かかったりするのかな？

赤道の近くは暖かい？

気象庁のウェブページでは、世界の気温や水温についてのデータも見ることができます。17ページにまとめた、おもな台風などの発生場所と見比べてみましょう。

赤道の近くは
気温も水温も高いね！

とくに水温の高いところは、
台風の発生場所と
重なるよ！

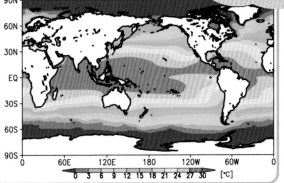

世界の気温（上）と水温（右）
ともに1991〜2020年の平均。

 台風の発生場所は、みんな海の上だったね。

台風は、雲さえあればどこでも生まれるわけじゃないんだね！

 赤道の近くで生まれることはわかったけど、なんでなのかな？

はっきりはわからなかったけど、海水の温度が関係しているみたいだよね！
雲の量と海水の温度も関係があるのかな？

予想Bが　正解

赤道の近くの
海の上で発生！
海水の温度が関係していそう！

でも？

台風と水温には
どんな関係が
あるのかな？

もしかして、
水温が高いほど
雲ができやすいんじゃ
ないかな？

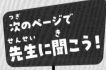
次のページで
先生に聞こう！

教えて！筆保先生

おし 教えて！

ふでやすせんせい 筆保先生

台風ができる条件を くわしく見てみよう

水温が高いほど 雲がたくさん 生まれるのです

台風の発生には場所が重要で、海の上でないと発生しないとわかりました。「赤道に近い海では、たくさん雲が生まれるのだろう」と予想していましたが、正しいのでしょうか？　くわしく見てみましょう。

雲はどうやってできる？

　まずはどうやったら雲ができるのかを簡単に説明しておきます。雲の正体は、小さな水（や氷）のつぶの集まりです。おもに海や川で生まれた水蒸気が、上向きの風（上昇気流）によって上空まで運ばれ、冷えて水にもどり、チリやホコリに集まることで生まれます（くわしく知りたい場合は1巻を読んでみてください）。

水温が高いと何が起こる？

　赤道の近くは太陽がよく当たるので、19ページで見たように、水温が高くなっています。すると空気も温められるので、雲が発生するために必要な上昇気流が起こりつづけることになります。また、水温が高いほど、雲のもとになる水蒸気もたくさん発生します。そのため、赤道の近くは、とても雲（積乱雲）ができやすい環境になっているのです。

　ちなみに、空気が上に動いて空いたスペースには、周辺から空気がふきこんでくるため、この辺りに風が集まっているように見えます。このことから、雲がよく発生する赤道付近は、「熱帯収束帯」とも呼ばれています。

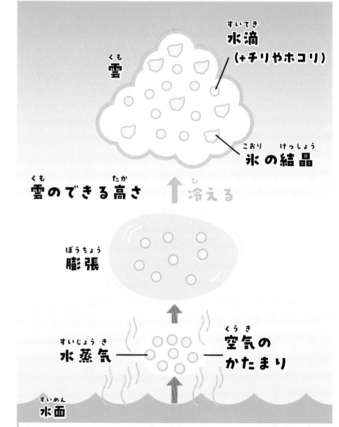

雲

水滴（＋チリやホコリ）

氷の結晶

雲のできる高さ　冷える

膨張

水蒸気　空気のかたまり

水面

雲ができるしくみ。図の中のオレンジや水色の矢印は、上向きの風（上昇気流）を示している。

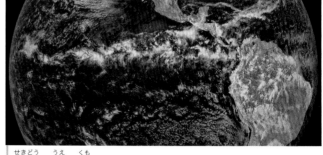

赤道の上に雲ができているのがわかる。

台風の心臓・「ウォームコア」の形成

水蒸気が上昇して積乱雲になると、雲からは熱が放出されます。連続してたくさんの雲が生まれると、熱の放出も続き、「ウォームコア」と呼ばれる台風の心臓が生まれます。ウォームコアは、強い上昇気流を発生させ、それに乗ってさらに多くの水蒸気が集まるようになっていきます。こうして、台風が生まれます。

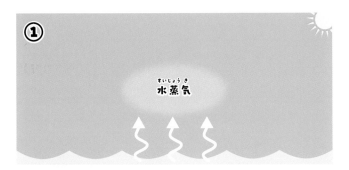
① 水蒸気

海面が太陽で温められることで、大量の水蒸気が発生し、空気がしめっていきます。

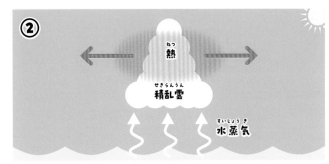
② 熱　積乱雲　水蒸気

水蒸気が上空に上がっていくと、積乱雲ができます。そのとき雲から熱が放出されます。ただし、ふつうはその熱は風に流されてしまいます。

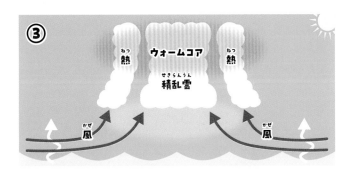
③ 熱　ウォームコア　積乱雲　熱　風　風

積乱雲が連続して発生すると、熱も連続的に放出されます。すると、まわりより10〜20℃ほど暖かい領域「ウォームコア」がつくられます。ウォームコアができたことで雲に強い風がふきこみ、さらに水蒸気が集まってきます。

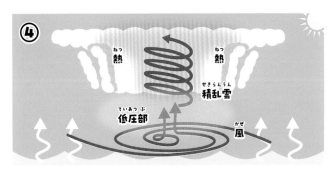
④ 熱　熱　積乱雲　低圧部　風

ウォームコアが持続的にできるようになると、水蒸気がどんどんふきこんできます。その風が、地球の自転や大きな風の影響でうずを巻き始め、最大風速が約17m/sをこえると「台風」になります。

暖かい空気が、さらに暖かい空気をつくりだすってことか！

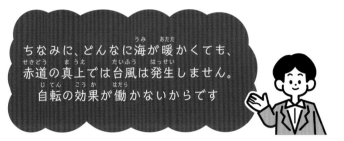
ちなみに、どんなに海が暖かくても、赤道の真上では台風は発生しません。自転の効果が働かないからです

台風の発生には大規模な風も必要

水温が高く、たくさんの雲が生まれても、じつはそれだけですぐに台風になるわけではありません。世界全体をめぐる大規模な風（くわしく知りたい場合は32ページを読んでみてください）が決まったパターンにならないといけないのです。

この風の働きで、雲の発生がさらに活発になり、同時に1つの台風としてまとまっていく動き（組織化）がうながされます。条件がそろわないと、雲がたくさん生み出されたとしても、台風になる前にくずれてしまうのです。

北西太平洋において、台風が生まれやすいパターンは大まかに5つに分けられます。それらについて、簡単にしょうかいしておきます。

東風

シアライン

西風

台風の約45パーセントがこのパターンで発生します。

シアラインパターン

「シアライン」は、北側に東風、南側に西風がふく場所のことです。こういう場所の近くでは積乱雲が発生しやすく、そのいくつかはやがて台風に成長していきます。もともと太平洋の南の海では、東風がふいています。そこに、大規模な西風がふくとシアラインが生まれるのです。台風をもっともつくりやすく、1年中見られるパターンです。

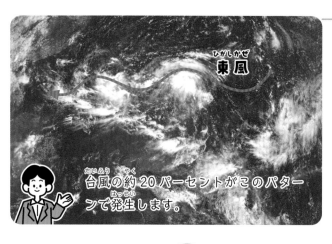

東風

台風の約20パーセントがこのパターンで発生します。

偏東風波動パターン

東風がヘビのように南北にだこうする「偏東風波動」が起こる場所では、時計回りの高気圧性のうずと、反時計回りの低気圧性のうずが交互にできます。そのなかの低気圧性のうずが、台風へと成長することがあります。このパターンで発生した台風は西に向かいやすいため、日本よりも西にあるフィリピンやベトナムに上陸することが多いです。

このほかに、日本に一番上陸しやすい「合流域パターン」、大規模なうずから連続で台風が発生することもある「モンスーンジャイアパターン」、先に生まれた台風が新たな台風を生む「先行台風パターン」があります

台風が発生する条件はいろいろなパターンがあるんだね

台風は1年中発生している

天気予報で「台風」という言葉をよく耳にするようになるのは、日本だと夏から秋にかけての時期です。ただ、台風がその時期にしか発生していないかというと、そうではありません。じつは、日本に上陸していないだけで、台風は1年中発生しているのです。

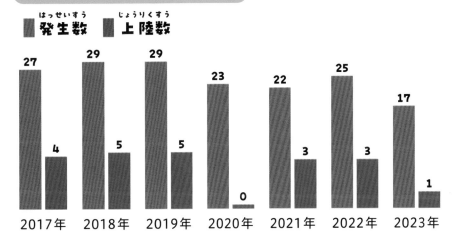

台風の発生・上陸の月別平均数（1991〜2020年）

■ 発生数　■ 上陸数

月	発生数	上陸数
1月	0.3	
2月	0.3	
3月	0.3	
4月	0.6	
5月	1.0	0.0
6月	1.7	0.2
7月	3.7	0.6
8月	5.7	0.9
9月	5.0	1.0
10月	3.4	0.3
11月	2.2	
12月	1.0	

台風は1年で約25個発生する

北西太平洋で発生した台風を年別で見てみると、年間約25個の台風が発生していることがわかります。ただ、発生する数も上陸する数も、年によってばらつきがあります。

台風の発生・上陸の数（年別）

■ 発生数　■ 上陸数

年	発生数	上陸数
2017年	27	4
2018年	29	5
2019年	29	5
2020年	23	0
2021年	22	3
2022年	25	3
2023年	17	1

台風のルート

台風は南の海で発生して、そのまま西に進んだり、北上してとちゅうで東に曲がったりしています。そのルートは右の図のように、月によってだいたい決まっています。

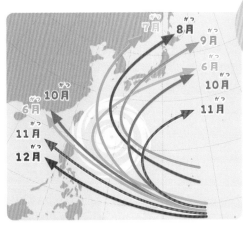

7月　8月　9月　6月　10月　11月
10月　6月　11月　12月

あれ？
日本の近くで急に曲がっている月もあるね。
そもそも台風って、どうやって動くんだろう？

次のページから検証だ！

23

台風はどうやって動くの？

台風の移動手段は？

台風は海の上でできるんだから、海の流れも関係あるんじゃない？

海の流れにそって、同じように進むのかもしれないね。

いや、台風は雲が集まってできているから、雲と同じように動くと思うな。

そういえば、雲は西から東に動くって聞いたことあるよ！

予想 A

海の流れと同じように動く？

予想 B

雲と同じように動く？

→ 26 ページへ

→ 28 ページへ

海の流れと同じように動く？

どう調べる？

まずは日本の周辺の海の流れ（海流）がどうなっているかを調べてみようかな。
気象庁のウェブページでは、海流についてのデータも見られるみたい。その後で、
台風の経路と比べてみよう！

調べる①

日本周辺の海流を調べる

気象庁は、日本近海の海流のようすを公開しています。
まずは、およそ10日間ごとの海流のようすがわかる
旬平均海流で、台風の上陸が多い9月上旬の海流を
見てみましょう。

旬平均海流（9月1〜10日）

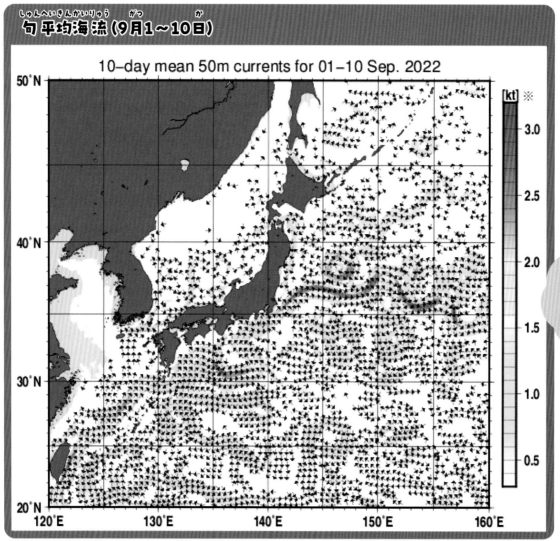

日本列島に
向かって流れる
海流があるね！

※矢印で流れる方向、色で流れの速さがわかる　※2kt=約1m/s。ゆっくり歩くくらいの速度です

日本近海の海流

気象庁のウェブページの海流データなどを調べてまとめると、日本近海の海流は左の図のようになります。日本の周りには、北からの冷たい海水の流れ（寒流）である「親潮」と「リマン海流」、南からの暖かい海水の流れ（暖流）である「黒潮」と「対馬海流」があります。

とくに「黒潮」が強いみたいだね

黒潮にのって台風は動くのかな？

調べる②
台風のおもな経路と海流を見比べる

日本近海の海流と、23ページで見た、台風のおもな経路を見比べてみましょう。

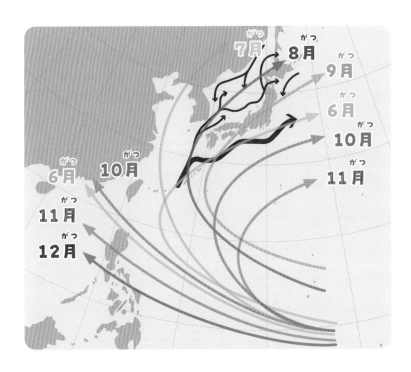

海流にそっているときもあるけど、海流からそれたり交差していることもあるね

海流と同じように動くわけではなさそうだね

27

雲と同じように動く？

どう調べる？

まずは「雲が西から東に流れる」というのが本当かどうか、調べてみないといけないよね。実際に空を見てみるのが一番よさそう。同じ場所から1日の雲の動きを観察してみよう！

調べる①

雲の動きを見てみる

同じ場所で5分ごとに写真をとって並べてみます。雲がどのように動いているか、方角と合わせて見ていきましょう。

① 午前11時00分　西　東

② 午前11時05分　西　東

③ 午前11時10分　西　東

④ 午前11時15分　西　東

大きな雲のかたまりが西から東へ少しずつ動いているね。

衛星写真なら、もっと雲の動きがわかりやすいんじゃない？

衛星写真で雲の動きを見てみる

地上から見た写真では、雲が西から東へ動いているように見えました。では上空から見るとどうなのか、衛星写真を見て確認してみましょう。

① 午前6時

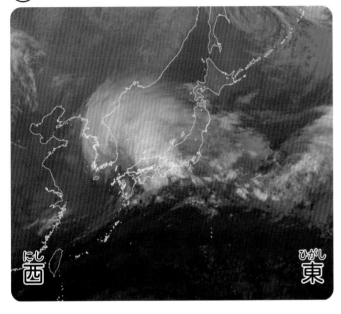

② 午前10時

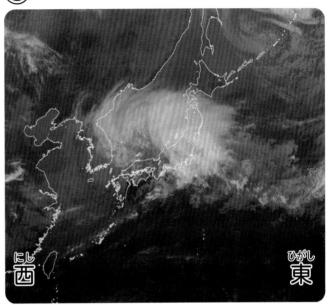

③ 午後2時

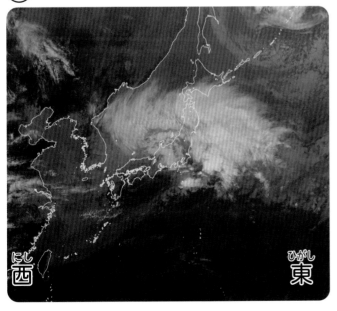

④ 午後6時

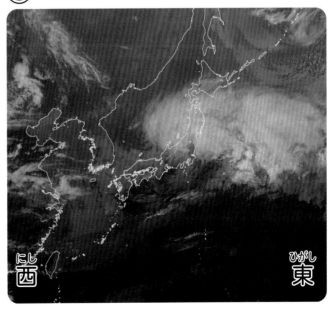

 日本上空の雲は西から東に動いているね！

 じゃあ台風も西から東に向かって進むのかも！

調べる③
台風の経路を見てみる

2022年に発生した台風の経路を見ていきましょう。季節ごとに分けて見ていくと、何か共通点が見つかるかもしれません。

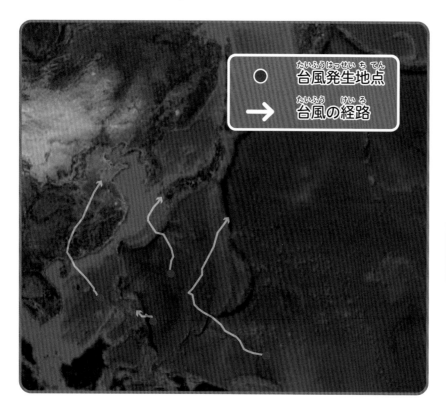

○ 台風発生地点
→ 台風の経路

4～6月の台風の経路

発生地点から、すぐ東へ移動するのかと思ったら、西や北のほうへ移動しているね。

本当だ！　そのまま西に進みつづけてすぐに消えた台風もあるね。

3つの台風は北のほうに向かってから、ゆるやかに東へ移動しているね。

7～9月の台風の経路

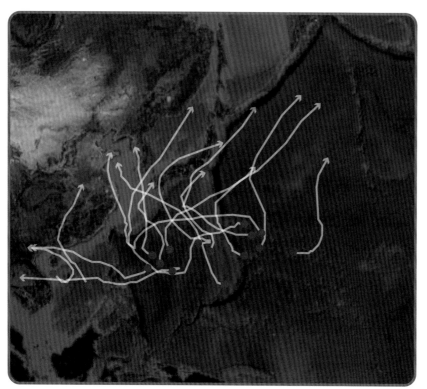

夏は台風の発生数が多いね！

夏の台風は、発生してすぐ西のほうへ向かうものもあるみたい。

春のときと比べると、台風の曲がり方が急な気がしない？

10〜12月の台風の経路

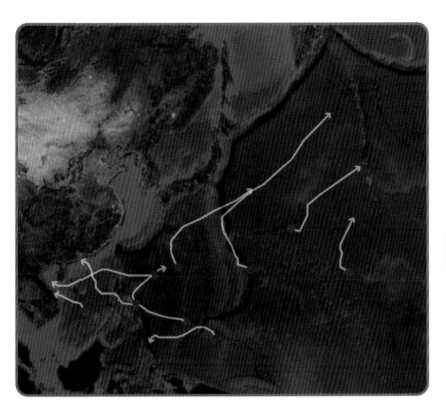

夏よりは台風の発生数が少ないね。最終的に西から東へ移動している場所もあるよ。

日本に上陸する前に曲がってるね。

東に向かってカーブし始める場所は、だいたい同じ辺りな気がしない？

まとめると
↓

台風は海の上で発生するけど、移動の経路と海流は関係ないみたいだね。

雲を観察したら、たしかに西から東へと動いていてたよ！

日本上空へきた台風は、みんな西から東へ動いていたね。

でも、それ以外の方向へも動いているみたい。

予想Bが **部分的に正解**

雲のように西から東へ動く部分もある

でも？

けっきょく雲や台風の動きの原動力はなんなんだろう？

もしかして、自分の力で動いてるのかな？

次のページで先生に聞こう！

教えて！筆保先生

台風を動かしているのは何？

台風も雲も
じつは同じく
風の力で
動いているよ

台風がさまざまな方向へ動くことはわかりましたが、その原動力はなんなのでしょうか。じつは、台風の移動するしくみを知るカギは、風にあります。

ヨットのように風に流されて動く台風

じつは台風は、ほぼほぼ自分で動くことができません。台風を動かすのは風です。風といっても、ふだん感じているような地上にふく風ではなく、上空でふいている大規模な風のことを指します。日本の周りでは「偏西風」という中緯度で西からの風と、「偏東風」という低緯度で東からの風がふいています。また、モンスーンという風もふいています。台風は、太平洋の周りをふく風や、これらの風に流されて移動しているのです。

日本の台風の移動に影響する「太平洋高気圧」

日本の周辺で発生する台風の移動には、「太平洋高気圧」も影響をあたえています。太平洋高気圧とは、太平洋に発生する大規模な「高気圧」のこと。台風は、この太平洋高気圧を中心に時計回りにふく風を原動力として、太平洋高気圧の周りをぐるっと進む性質があるのです（高気圧については次のページで説明します）。

偏西風

太平洋高気圧

偏東風

モンスーン

日本の上空には偏西風がふいてるから、だいたいの雲は西から東へ動きます

台風の経路が急なカーブだったりゆるやかなカーブだったりするのも、風と関係あるのかな？

季節によって台風のコースが同じ傾向をもつ理由

偏西風は夏には北上しますが、秋や冬には南下してくるので、日本付近の上空でふいています。太平洋高気圧は夏になると発達し、日本付近まではり出してきますが、秋や冬には勢力が弱まり、台風への影響も弱まります。台風は、こういった季節の変化によって進路を変えているのです。

太平洋高気圧が日本付近まではり出すため、そのふちにそってゆっくり北上します。そのため台風のカーブはゆるやかです。曲がらずまっすぐ進み、中国のほうへ行くことも多いです。

太平洋高気圧の影響が弱まり、偏西風の位置が南下。北上した台風は偏西風の強い領域に入り、向きを北東方向へ変えるためカーブが急になります。モンスーンは季節によってふく方向が変わるため、春・秋の台風のコースにはあまり影響をあたえません。

天気を左右する 高気圧と低気圧

空気は、気圧が高いところ（高気圧）から低いところ（低気圧）に流れる性質があります。つまり、高気圧からは風がふき出し、低気圧へは風がふきこみます。低気圧へとふきこんだ空気は地面にもぐることはできず、上空へと向かうため上昇気流が発生します。そして空気が冷やされ、雲ができます。逆に高気圧では下降気流が起きて、雲はできにくい状態になります。つまり、晴れをもたらします。

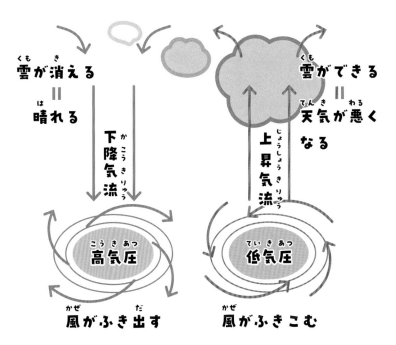

教えて！筆保先生

台風の進路は予測できるの？

台風の情報は気象庁が集めた情報からつくられているよ

風と気圧を調べれば、台風の動きは予測できるのでしょうか。
台風の観測方法などについて見ていきましょう。

気象庁のさまざまな業務

気象庁は、天気や気温だけでなく、地震や火山活動、波や潮位（潮の満ち干きによって変化する海面の高さ）などの自然現象を観測しています。そして、台風の解析や予測も行っており、日本の人々を災害から守るために、必要な情報を提供しています。

気象庁の本庁の観測現業室のようす。

世界各地から集められる台風に関する情報

スーパーコンピュータを使って、風向、風速、気圧、気温、湿度などの情報から台風の進路を予測することができます。世界各地の気象機関で領域を分割し、予測に必要なデータを集めています。

気象庁は下の図の赤い線で囲われた範囲を担当し、その範囲内で台風の発生、進入が予測される場合、台風情報を発表します。

台風情報を発表する範囲（責任領域）

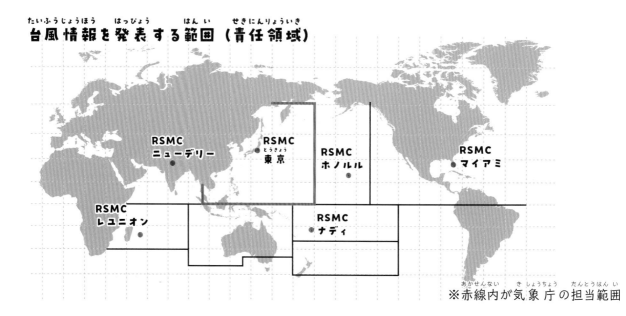

RSMC ニューデリー
RSMC 東京
RSMC ホノルル
RSMC マイアミ
RSMC レユニオン
RSMC ナディ

※赤線内が気象庁の担当範囲

進路予測で台風の現在と予想を伝える

台風が発生すると、気象庁はスーパーコンピュータで計算した情報にもとづき、台風の1日（24時間）先までの予報を3時間ごとに、5日（120時間）先までの予報を6時間ごとに発表します。スーパーコンピュータで台風の予測を行う国は世界各地にありますが、日本の予測精度はトップクラスといわれています。

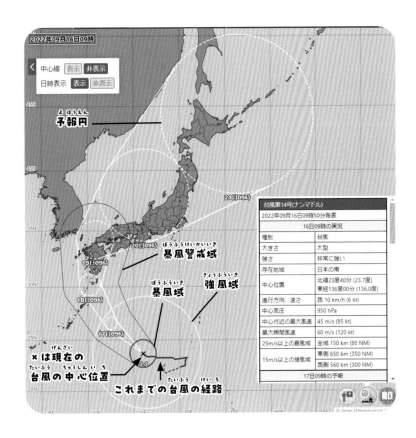

`2022年09月16日09時`

中心線　表示　非表示
日時表示　表示　非表示

予報円

45N
40N
35N
30N
25N
20N

21日09時

20日09時

19日09時

暴風警戒域

18日09時

暴風域　強風域

17日09時

×は現在の台風の中心位置

44

これまでの台風の経路

台風第14号(ナンマドル)
2022年09月16日09時50分発表

16日09時の実況	
種別	台風
大きさ	大型
強さ	非常に強い
存在地域	日本の南
中心位置	北緯23度40分 (23.7度) 東経136度00分 (136.0度)
進行方向、速さ	西 10 km/h (6 kt)
中心気圧	950 hPa
中心付近の最大風速	45 m/s (85 kt)
最大瞬間風速	60 m/s (120 kt)
25m/s以上の暴風域	全域 150 km (80 NM)
15m/s以上の強風域	東側 650 km (350 NM) 西側 560 km (300 NM)
17日09時の予報	

© Japan Meteorological

写真の左上と右下に台風が発生し、藤原の効果が起きて、特しゅな動きをしている。

予想が困難になる「藤原の効果」

台風は自力で動けないため、台風周辺の風で動きます。しかし、2つ以上の台風が近くにあると、進路が複雑になることがあります。こうした現象を「藤原の効果」と呼びます。

台風の風が別の台風を動かすんだね！

日本の気象学者藤原咲平が提唱したことが名前の由来です

台風はそれぞれコースがちがうみたいだけど、発生する台風の特ちょうは全部同じなのかな？

次のページから検証だ！

台風の特ちょうはすべて同じ？

台風にも個性がある？

基本的に海の上で、同じしくみで発生するなら、同じ台風ができるんじゃない？

でも、「史上最強の台風」って言葉を天気予報で聞いたことがあるよ？

台風によって強さがちがうのかな？

そのほかにも、ちがう特ちょうがあるかもしれないね。

予想

台風によって
特ちょうがちがう？

→ 38 ページへ

台風によって特ちょうがちがう？

どう調べる？

地上から見ていてもちがいがよくわからないけど、「デジタル台風」（くわしくは 46 ページ）っていうウェブサイトで、台風の衛星写真を見られるみたいだよ。いろんな台風の写真を見比べれば、ちがいが見つけられるかも！

調べる①

衛星写真を見比べる

2019 年 9 月に発生した 2 つの台風と、2019 年 10 月に発生した 2 つの台風の衛星写真を見比べてみましょう。どこかちがっているところはあるでしょうか？

台風第 15 号（2019 年 9 月 8 日）

台風の目

台風第 17 号（2019 年 9 月 21 日）

台風第 15 号は小さいけど、台風の目がはっきり見えるよ。

台風第 17 号のうずはかなり大きい！でも、目はあんまり見えないね。

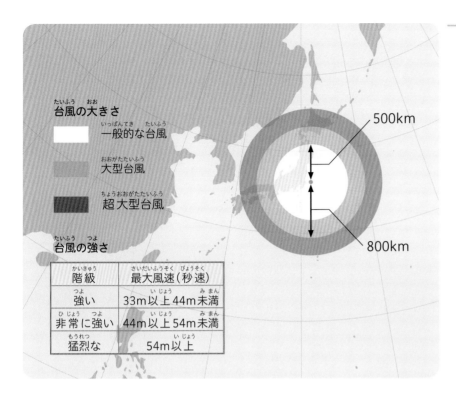

台風の大きさ

□ 一般的な台風

■ 大型台風

■ 超大型台風

500km
800km

台風の強さ

階級	最大風速（秒速）
強い	33m以上44m未満
非常に強い	44m以上54m未満
猛烈な	54m以上

台風の「大きさ」と「強さ」は別！

　台風の「大きさ」は、その台風の強風域（最大風速15m/s以上の風がふく範囲）のことです。強風域の半径によって、左の図のように大きさが分けられています。

　いっぽう台風の「強さ」は、その台風の最大風速のことです。中心付近の最大風速を基準に、図の左下の表のように階級分けされています。

　大きさと強さはイコールではないので、大型でも弱い、小さいけど猛烈な台風もあります。

台風第19号（2019年10月9日）

台風第21号（2019年10月21日）

10月に発生した台風も、大きさにかなり差があるね！

雨や風の強さも、それぞれちがっているのかな？

被害の出方を調べる

2019年に上陸した台風第15号（令和元年房総半島台風）と台風第19号（令和元年東日本台風）による、被害の出方のちがいを比べていきます。

台風第15号（令和元年房総半島台風）

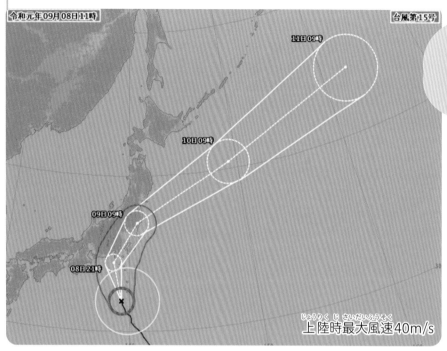

令和元年09月08日11時

11日09時

10日09時

09日09時

08日21時

台風第15号

上陸時最大風速40m/s

黄色の円が、35ページで見た「強風域」だよね

円の大きさや経路はちがっているのかな？

台風第19号（令和元年 東日本台風）

19号のほうが強風域の円が大きいから、風の被害も大きいのかな？

どちらも千葉、神奈川辺りを通過しているから経路はよく似てるね

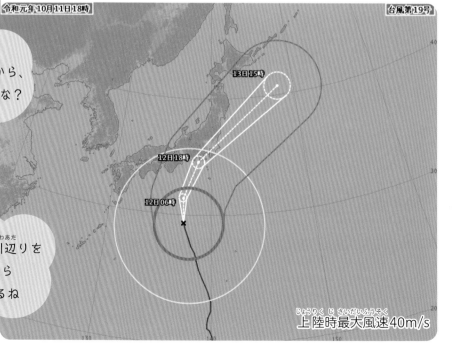

令和元年10月11日18時

台風第19号

13日15時

12日18時

12日06時

上陸時最大風速40m/s

風の被害が大きかった台風第15号

関東南部の6地点で最大風速30m/s以上、伊豆諸島と関東南部の3地点で最大瞬間風速50m/sを記録しました。

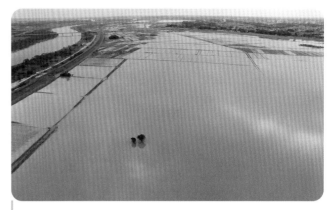

雨の被害が広範囲におよんだ台風第19号

日本記録を上回る大雨となり、東京、埼玉、長野、静岡など、13都県の広範囲で大雨特別警報が発表されました。

	死者	建物全壊	建物半壊	建物一部破損	床上浸水	床下浸水
台風第15号	3名	391棟	4204棟	72279棟	121棟	109棟
台風第19号	91名	3273棟	28306棟	35437棟	7666棟	21809棟

建物破損数が多い15号は風、浸水数が多い19号は雨の被害が大きいね

まとめると

台風は同じ現象なのに、それぞれ大きさや強さ、進む方向や速度なんかも全然ちがうんだね。

大きさ＝強さじゃないっていうのも意外だった！

雨や風の被害の出方にも、かなり差があったよね。

台風は台風でも、それぞれちがう特ちょうがあるんだね！

予想は……正解

台風にも個性がありまったく同じものはない！

でも？

台風の雨や風でいろいろな災害が生まれるんだね。

台風ってこわいね……。台風がなくなれば平和になるのに。

次のページで先生に聞こう！

台風がなくなると どうなるの？

台風は危険な
存在ですが、
ただの悪者では
ないのです

じつは、大雨や強風で災害を引き起こす台風がなくなっても、
それが平和につながるわけではないのです。
台風について、より広い視野で見ていきましょう。

台風の雨による被害

「台風がなくなると……」という本題の前に、台風の危険性についておさらいしていきましょう。まず、台風がくると数日間にわたって大量の雨がふるため、川の水が急激に増えてあふれます。それにより堤防がくずれたり、町に水が流れこんだりします。そのほか、地面にたくわえられる量以上の雨がふってしまうと、大量の土砂や石が水といっしょに下流に流される土石流や地すべり、土砂くずれなども起こります。

2019年の台風第19号の影響で増水し、決壊した栃木県の秋山川。

台風の風による被害

台風のときは強風で転んだり、飛ばされたものに当たったりする被害も出ます。さらに風が強くなると木や電柱が倒れたり、電車や車がひっくり返ったりすることもあります。そのほかにも竜巻や、いっけん風とは無関係そうな高潮・高波の被害も考えられます。

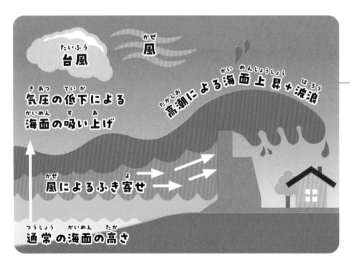

台風
風
気圧の低下による
海面の吸い上げ
高潮による海面上昇＋波浪
風によるふき寄せ
通常の海面の高さ

高潮・高波と風

台風によって気圧が下がると海面の高さが上がります（高潮）。沖から海岸に向かって強風がふくと、海水が海岸にふき寄せられ、さらに強い風が海面にふきつづけると、高波が発生します。これらがあわさると、海水が川を逆流したり、堤防をこえたりして、海の近辺に住む人以外にも被害がおよびます。

水不足解消の救世主！

災害を引き起こすいっぽうで、台風の雨は私たちが生きていくうえで欠かせない水資源として利用されています。長期間雨がふらず、川やダム、貯水池などの水が減ってくると、私たちが生活するのに必要となる水が不足します。

水不足を救うのは、梅雨にふる雨や、冬に積もった雪、そして台風による大雨です。台風の大雨は、水不足を解消する自然の恩恵でもあります。

2005年9月5日。梅雨にあまり雨がふらず、貯水率0％になった四国の早明浦ダム。

2005年9月7日。台風第14号の大雨で貯水率が100％に回復した四国の早明浦ダム。

台風をまつ生物たち

台風による強風が海水をかき混ぜることで、海面付近の暖かい海水と深海の冷たい海水が混ざり合います。そのおかげで、サンゴが快適に生活できる環境を維持しています。

また、台風が通過すると海の表面付近でプランクトンが増加します。そのため、それをエサとする魚が集まり、台風が通過したあとは魚がたくさんとれるといいます。

台風は危険な存在だけど、なくてはならない存在でもあるんだね

そうです。もちろん、危険には十分注意し、きちんと情報を集め、あぶないと思ったら避難するようにしましょう！

台風をコントロールできる未来がくる？

現在と未来では、台風をとりまく状況が変化すると考えられています。いったいどんな変化なのでしょう？　台風の威力や台風がもつ可能性について、見ていきましょう。

◯ 地球温暖化で台風の数は減るが、威力は増す？

下の図は、スーパーコンピュータを使った「地球温暖化気候シミュレーション実験」による予測結果です。図1は、地球上の各地点で、この先10年の台風発生率の変化をまとめたものです。青のエリアが多く、全体的に台風の発生率は低下していくと予想されています。

いっぽう図2は猛烈な台風のみに注目し、この先10年の台風発生率の変化をまとめたものです。これを見ると、日本の南海上からハワイ付近、メキシコの西海上にかけて、最大風速59m/s以上の台風の発生率が高くなると予測されています。つまり、全世界で台風の発生自体は少なくなるものの、強くて大きな台風の発生は増えるということがわかります。

さらに、日本がある中緯度を通過する台風の移動速度が遅くなるとも予測されています。そうなると、台風による暴風の影響が長時間におよび、災害が増える可能性が高まるのです。

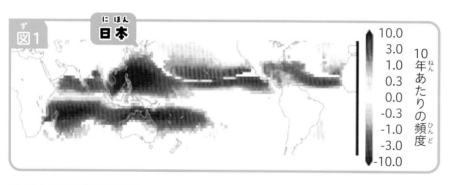

図1

日本

10.0
3.0
1.0
0.3
0.0
-0.3
-1.0
-3.0
-10.0

10年あたりの頻度

自然の現象だから私たちにはどうすることもできないのかな……

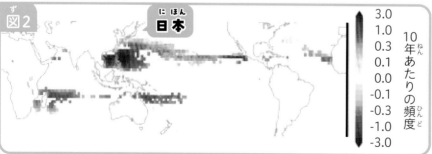

図2

日本

3.0
1.0
0.3
0.1
0.0
-0.1
-0.3
-1.0
-3.0

10年あたりの頻度

そんな強い台風がきて長時間いられたら、日本はどうなっちゃうの？

図1はすべての台風が存在する頻度の変化、図2は猛烈な台風が存在する頻度の変化を示しています。

台風の威力を人間の力で低下させられる？

強い台風の威力を少しでも弱める「タイフーンショット計画」の研究が進められています。

どのような方法で威力をおさえられるのかは今も研究中です。例えば、台風が育つのに必要な水蒸気を減らしたり、ウォームコアを氷などをまいて冷ましたりすることで、台風の威力を弱められるかどうか、コンピュータを使って実験を行っています。

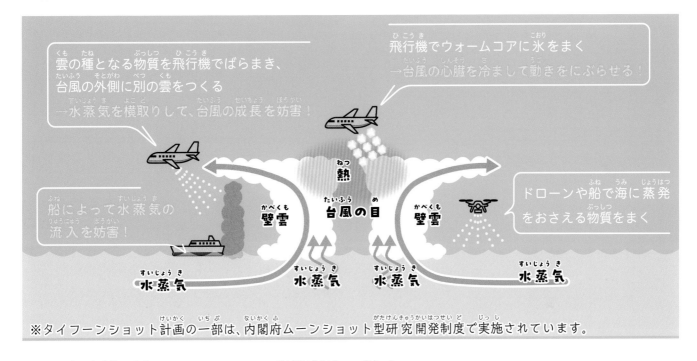

飛行機でウォームコアに氷をまく
→台風の心臓を冷まして動きをにぶらせる！

雲の種となる物質を飛行機でばらまき、
台風の外側に別の雲をつくる
→水蒸気を横取りして、台風の成長を妨害！

船によって水蒸気の
流入を妨害！

熱

台風の目

壁雲

壁雲

ドローンや船で海に蒸発
をおさえる物質をまく

水蒸気　水蒸気　水蒸気　水蒸気

※タイフーンショット計画の一部は、内閣府ムーンショット型研究開発制度で実施されています。

台風発電でエネルギー供給量が増加する

タイフーンショット計画には、もう1つの目的があります。それは、台風のエネルギーの一部を活用して発電を行うことです。無人の船を台風の風で進ませ、その進む力を利用して海中のスクリューを回し発電する方法など、いくつかの案が挙がり、研究が進められています。これが実現すれば、台風を「めぐみ」に変えられるのです。

現在、研究開発している台風発電船。後ろのスクリューを回して発電します。

もし実現したら
すごいことだね！

もっと知りたい！ 台風の情報の集め方

このページでは、台風について調べるときに役に立つ、情報源などをしょうかいします。

◯ 気象庁から観測データを入手

日本では、「気象庁」が、過去の台風の経路図や、台風に関するさまざまな情報を公開しています。また、台風にまつわる基礎知識もしょうかいしています。

気象庁公式ウェブページ

https://www.jma.go.jp/

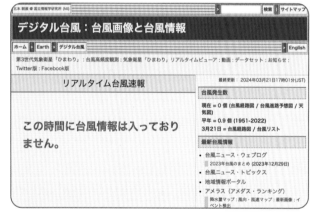

◯ 衛星画像や動画で台風を観察

デジタル台風やJAXA／ＥＯＲＣ台風データベースでは、経路図だけでなく、気象衛星の台風画像や雲画像など、さまざまな画像や動画を見ることができます。

デジタル台風

http://agora.ex.nii.ac.jp/digital-typhoon/

JAXA／ＥＯＲＣ台風データベース

https://sharaku.eorc.jaxa.jp/TYP_DB/index_j.html

◯ 情報収集で台風災害に備えよう

この本の監修者・筆保先生たちが開発した、各地点で強風がふくときの台風の位置を知ることができる「台風ノモグラム」と、建物被害予測を知ることができる「CMAP」による情報を、市区町村別に提供するサイトです。

全国台風ハザードマップ

http://www.fudeyasu.ynu.ac.jp/risk/

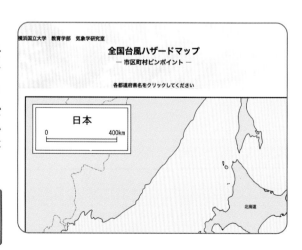

さくいん

● 2巻『台風』の単元対応表

学年	単元名	本書のページ
小5	天気の変化	p.4～45
中2	気象観測	p.4～13
	天気の変化	p.20,21
	日本の気象	p.32,33
	自然の恵みと気象災害	p.42～45

監修者

筆保弘徳（ふでやす・ひろのり）

横浜国立大学教育学部教授。台風科学技術研究センター長、気象予報士。1975年岩手県生まれ、岡山県育ち。京都大学大学院修了（理学博士）。気象学、とくに台風を専門とし、内閣府ムーンショット型研究開発制度の目標８のプロジェクトマネージャーに携わる。主な監修・著書に『天気と気象についてわかっていることいないこと』（ベレ出版、編集・共著）、『台風の正体』（朝倉書店、共著）、『気象の図鑑』（技術評論社、監修・共著）、『天気のヒミツがめちゃくちゃわかる！気象キャラクター図鑑』（日本図書センター、監修）などがある。

協力

清原康友（横浜国立大学台風科学技術研究センター）

写真・出典

【カバー】19 STUDIO/NASA/Shutterstock　【4ページ】「台風の日道路冠水」©KAZUTAKA YANAI/SEBUN PHOTO /amanaimages　【8-9ページ】写真：アフロ
【11ページ】「風向風速図」tenki.jp　【12ページ】「衛星写真で台風の発生を見てみる」tenki.jp
【18ページ】「世界の気象衛星」tenki.jp　【24-25ページ】写真：Universal Images Group/アフロ
【28ページ】写真：コーベット・フォト・エージェンシー
【34ページ】写真：アフロ　【36ページ】写真：イメージマート　【38-39ページ】「衛星写真」デジタル台風
【43ページ】「早明浦ダムの貯水量平成17年9月5日」「早明浦ダムの貯水量平成17年9月7日」水資源機構
【44ページ】「図１」「図２」気象庁気象研究所・気象業務支援センター報道発表資料（2017年10月26日）
【45ページ】写真：TRC満行副センター長　【46ページ】「デジタル台風ウェブページ」デジタル台風
上記以外の衛星写真、台風経路図、旬平均海流は気象庁ウェブページ

予想→観察でわかる！天気の変化 ②

台風

監修者	筆保弘徳
協力	清原康友
イラスト	kikii クリモト
デザイン	林コイチ
編集協力	株式会社クリエイティブ・スイート
校正	和田めぐみ
発行者	鈴木博喜
編集	森田直
発行所	株式会社理論社 〒101-0062　東京都千代田区神田駿河台2-5 電話　営業 03-6264-8890 　　　　編集 03-6264-8891 URL　https://www.rironsha.com
印刷・製本	図書印刷株式会社　上製加工本

2024年6月初版
2024年6月第1刷発行